普通高等教育土建学科专业"十一五"规划教材
全国高职高专教育土建类专业教学指导委员会规划推荐教材

建筑装饰表现技法

（建筑装饰工程技术专业适用）本教材编审委员会组织编写

季翔 主编
陈志东
刘超英 主审

中国建筑工业出版社

图书在版编目(CIP)数据

建筑装饰表现技法/本教材编审委员会组织编写．—北京：中国建筑工业出版社，2004

普通高等教育土建学科专业"十一五"规划教材．全国高职高专教育土建类专业教学指导委员会规划推荐教材．建筑装饰工程技术专业适用

ISBN 978-7-112-07027-5

Ⅰ.建… Ⅱ.本… Ⅲ.建筑装饰－建筑制图－技法（美术）－高等学校：技术学校－教材 Ⅳ.TU204

中国版本图书馆CIP数据核字（2004）第122891号

本书是根据高等职业教育土建类专业教育标准，培养方案及主干课程教学大纲的基本要求编写的。本书系统地讲述了建筑装饰表现图技法。对表现图的工具、材料、构图和色彩、设计草图表现技法、水粉表现、马克笔表现、彩色铅笔表现等进行了详实的叙述。同时，本书附有表现图鉴赏。

本书适用于高职高专建筑装饰工程技术专业的师生。同时，也适用于对建筑表现技法感兴趣的相关人员。也可作为培训教材使用。本书的特点是深入浅出，非常适合学生掌握。

* * *

责任编辑：朱首明 杨 虹
责任设计：孙 梅
责任校对：王雪竹 刘玉英

普通高等教育土建学科专业"十一五"规划教材
全国高职高专教育土建类专业教学指导委员会规划推荐教材
建筑装饰表现技法
（建筑装饰工程技术专业适用）
本教材编审委员会组织编写
季 翔 陈志东 主编
刘超英 主审

*

中国建筑工业出版社出版、发行（北京西郊百万庄）
各地新华书店、建筑书店经销
廊坊市海涛印刷有限公司印刷

*

开本：787×1092毫米 1/16 印张：3½ 字数：80千字
2005年2月第一版 2016年7月第六次印刷
定价：**29.00元**
ISBN 978-7-112-07027-5
(12981)

版权所有 翻印必究
如有印装质量问题，可寄本社退换
（邮政编码 100037）

序　言

全国高职高专教育土建类专业教学指导委员会建筑类专业指导分委员会是住房和城乡建设部受教育部委托，由住房和城乡建设部聘任和管理的专家机构。其主要工作任务是，研究如何适应建设事业发展的需要设置高等职业教育专业，明确建设类高等职业教育人才的培养标准和规格，构建理论与实践紧密结合的教学内容体系，构筑"校企合作、产学结合"的人才培养模式，为我国建设事业的健康发展提供智力支持。

在住房和城乡建设部人事教育司和全国高职高专教育土建类专业教学指导委员会的领导下，自成立以来，全国高职高专教育土建类专业教学指导委员会建筑类专业指导分委员会的工作取得了多项成果，编制了建筑类高职高专教育指导性专业目录；在重点专业的专业定位、人才培养方案、教学内容体系、主干课程内容等方面取得了共识；制定了"建筑装饰技术"等专业的教育标准、人才培养方案、主干课程教学大纲；制定了教材编审原则；启动了建设类高等职业教育建筑类专业人才培养模式的研究工作。

全国高职高专教育土建类专业教学指导委员会建筑类专业指导分委员会指导的专业有建筑设计技术、室内设计技术、建筑装饰工程技术、园林工程技术、中国古建筑工程技术、环境艺术设计等6个专业。为了满足上述专业的教学需要，我们在调查研究的基础上制定了这些专业的教育标准和培养方案，根据培养方案认真组织了教学与实践经验较丰富的教授和专家编制了主干课程的教学大纲，然后根据教学大纲编审了本套教材。

本套教材是在高等职业教育有关改革精神指导下，以社会需求为导向，以培养实用为主、技能为本的应用型人才为出发点，根据目前各专业毕业生的岗位走向、生源状况等实际情况，由理论知识扎实、实践能力强的双师型教师和专家编写的。因此，本套教材体现了高等职业教育适应性、实用性强的特点，具有内容新、通俗易懂、紧密结合实际、符合高职学生学习规律的特色。我们希望通过这套教材的使用，进一步提高教学质量，更好地为社会培养具有解决工作中实际问题的有用人才打下基础。也为今后推出更多更好的具有高职教育特色的教材探索一条新的路子，使我国的高职教育办得更加规范和有效。

全国高职高专教育土建类专业教学指导委员会建筑类专业指导分委员会
2008.5

前　言

　　表现图作为表现设计意图的载体，成为设计人员必须掌握的绘图技能。表现图在用来展现并完善设计方案的同时，还给设计人员带来无限的设计灵感。电脑绘图的兴起适应了社会发展的需求，随着对这一新的绘图工具的认识逐步冷静，有所冷落的徒手表现图的价值正得到应有的正确认识。对绘图工具和技法的社会接纳心理逐步成熟，徒手和电脑等多种设计表现手段并进发展。

　　徒手表现图能更好地培养人手和大脑的协调统一，挖掘人的灵性，从而更扎实的培养审美能力和设计能力。徒手表现是成就设计人员健康成长的坚实基础。

　　我们依据近几年的教学和设计实践经验，大力突出必备理论内容，以利读者更快地掌握徒手表现图的实质部分。另外，快速徒手设计草图在表现图中作用日益重要，故需要加强。书中专门列出线条练习部分，以补充基础技能的不足。

　　本书由徐州建筑职业技术学院的季翔、陈志东主编，鲁毅、张跃华参编，由宁波高等专科学校刘超英主审。

　　在此，我们对在编写过程中大力支持和协助我们工作的王旭东、王俭、郑雷等同志以及山东工艺美术学院、沈阳建筑大学职业技术学院、山西建筑职业技术学院、宁波高等专科学校、徐州建筑职业技术学院的同仁们深表谢意！尤其感谢张玉良、陈瑞芳、李文华等同志提供优秀的设计表现图！

　　由于时间紧促，书中难免存在不足之处，敬请广大读者指正。

编　者

2004年10月

目　录

第一章　概述 …………………………………………………………………………… 1
　　一、表现图发展概况与趋势 ………………………………………………………… 1
　　二、表现图的目的、意义和价值评判 ……………………………………………… 1
第二章　表现图的工具与材料 …………………………………………………………… 3
　　一、主要绘图工具 …………………………………………………………………… 3
　　二、辅助工具与材料 ………………………………………………………………… 3
第三章　表现图的构图和色彩 …………………………………………………………… 4
　　一、构图规律和常用透视类型 ……………………………………………………… 4
　　二、色彩 ……………………………………………………………………………… 6
第四章　设计草图表现技法 ……………………………………………………………… 8
　　一、设计草图的内容 ………………………………………………………………… 8
　　二、设计草图训练 …………………………………………………………………… 8
第五章　水彩、水粉表现技法 ………………………………………………………… 11
　　一、水彩、水粉特性 ……………………………………………………………… 11
　　二、水彩、水粉绘制方法与步骤 ………………………………………………… 11
第六章　马克笔表现技法 ……………………………………………………………… 19
　　一、马克笔特性 …………………………………………………………………… 19
　　二、马克笔绘制方法与步骤 ……………………………………………………… 19
第七章　彩色铅笔表现技法 …………………………………………………………… 23
　　一、彩色铅笔特性 ………………………………………………………………… 23
　　二、彩色铅笔表现方法与步骤 …………………………………………………… 23
第八章　表现图鉴赏 …………………………………………………………………… 26
主要参考文献 …………………………………………………………………………… 49

第一章 概 述

一、表现图发展概况与趋势

装饰设计表现图（也称透视效果图）能形象直观的表现室内外空间，营造环境氛围，观赏性强，具有很强的艺术感染力，是设计师表达思想，推销设计的主要途径。

表现图在设计投标、设计定案中起着很重要的作用。一幅表现图的好坏直接影响该设计的审定。对非专业人士来说，形象化的表达是最容易理解的。表现图自然成为设计师最重视的展示工具之一。在设计领域，大师们的作品之所以能撼动人心，充满个性魅力，都得益于他们深邃的想像力和高超的表现技巧。

在各种展示技术飞速发展的今天，表现图技法大致分为传统的手工绘图和计算机绘图两种方式。前者根据手工绘制方法、选用颜料、制图工具的不同，形成多种表现形式，有：水粉表现技法、透明水色表现技法、马克笔表现技法、彩色铅笔表现技法、喷笔表现技法等等。一幅表现图，选择手段不限，可以是多种技法与技术的综合表现。它是绘画技巧与设计能力及制图水平的综合体现，是科学性和艺术性相统一的产物。

随着计算机技术的发展，应用软件为我们提供了无限描绘建筑空间的方法，在装饰设计领域引发了新的图像技术革命。计算机已成为绘制表现图最实用的工具之一，计算机辅助设计图纸已成为绘制专业图纸和表现图的常用工具。最新技术显示，未来表现方式将不满足于三维绘图上的功能，正积极地开发其虚拟现实的界面，这些软硬件将虚拟的计算机三维文件传输至"机器"上，而制作出建筑模型……

但是技巧和工具并不是表现的根本目的，表现图的最终目的是体现设计者的设计意图，并使观者能够认可设计者的设计。和计算机绘图相比，手工绘图更易于帮助设计者及时捕捉设计灵感，实现思维与表现的高度统一。因而，手工绘图技能承担着不可取代的基础性作用。目前，在技术进步、商业需求、审美多元等因素的推动影响下，手绘技法拥有丰厚的发展土壤，呈现出以快速表现为主流的多元技法共同发展的趋势。

总之，练就一手精湛的表现技法的功夫，是每一名成功设计师的基本素养。

二、表现图的目的、意义和价值评判

表现图是设计语言，是将设计想像以形象化的形式表现出来。设计师在设计过程中的各个阶段一般都需要画出一些效果草图，利用具有透视效果的草图进行立体的构思和造型，这种直观的形象构思是设计师对方案进行自我推敲的一种语言，也是设计师与甲方之间交流探讨的一种语言，它有利于空间造型的把握和整体设计的进一步深化。

构思不仅要考虑具体的设计形象，也要考虑如何表现设计形象，以什么样的角度、什么样的构图去表现，表现对象的整体关系、空间关系、色调关系、明暗布局关系以及各部分的细节处理都应有大致构想，即所谓意在笔先，胸有成竹。有时是按构思方向顺利发展，使原构思更充实，更有意味。有时又会遇到障碍，出现偶然随意性，它也许给构思增添新意，也许另辟新意。这时充满激情的表现使枯燥的方案推敲过程变得趣味盎然。这时的表现风格强调个性化，讲求精炼、简略、快速、生动。

如上所言与计算机表现手法相比,传统的手工绘图具有绘制相对容易、快速反映设计者主观意向等优点。效果草图既起到实用的分析推敲作用,又有赏心悦目的艺术价值,设计师的这种随时流露出的艺术修养,会增强甲方对设计师的信任感,从而提高设计师自身的声誉。

表现图到了定稿阶段,画面表现的空间、造型、色彩、尺度、质感都应准确、精细,要求真实性、科学性,并且有相当的艺术感染力。为此多采用表现力充分、便于深入刻画的绘图工具和手段。表现图风格则更多地强调社会审美的共性。

室内外设计表现图不同于专业性很强的技术图纸,它能更形象、更具体、更生动地表达设计意图、设计构思,它和真正的绘画艺术作品不同,有自身的价值评判特点。

首先,表现图要力求准确、真实地表达主题,同时也要兼顾他人的感受和认可,这包括建筑的尺度、比例、透视关系、材料质感以及环境特点等。要求画面效果要忠于实际空间,既要有"大效果",又应该有细部刻画,这样才真实耐看。

其次,要明确所要表现的主题是建筑的形体、空间、环境及其气氛,突出表现图的"建筑味",一切绘画技巧都应为此服务。建筑结构、界面及轮廓应清楚完整,能真实生动地表现出建筑及其各种关系,就是最高明的"技法"。

再有,要保持严谨的作画态度。设计师必须一丝不苟,尽其所能来取得预想效果。表现图的严谨性有一些约定俗成的规律,反映出一定程式化的画法。比如说,构图上元素的选取力求简洁抽象,色彩上追求概括、统一,用笔上尽量硬朗、肯定,还有像线条挺拔、色块完整等等。要注意"严谨"并不等于"拘谨",不是作者主观意识的发挥,有些作画者为求"帅"而将其所学技法在一幅画中刻意突出出来,往往事与愿违。

当你可以熟练地绘出一幅表现图的时候,你的个人情感将会自然地流露于画面当中,并由此形成打动人心的魅力。

第二章 表现图的工具与材料

一、主要绘图工具

笔：铅笔、彩色铅笔、碳素笔、钢笔（包括速写笔、针管笔）、水粉笔、水彩笔、中国画笔（衣纹、叶筋、大白云、中白云、小白云）、马克笔、签字笔、色粉笔、棕毛板刷、羊毛板刷、尼龙笔、喷笔等。

颜料：主要有水粉、水彩、透明水色以及丙稀等。

纸：水彩纸、水粉纸、铜版纸、制图纸、白卡纸、黑卡纸、色卡纸、硫酸纸等。

二、辅助工具与材料

界尺的使用技巧、裱纸技法、拷贝技法、制作色纸技法、装裱技法是学习表现图必须掌握的内容。

界尺

界尺是传统水粉等颜料表现图中画线不可缺少的工具，用界尺画直线，线条平直挺拔、整齐划一。使用界尺要有一定的技巧，握笔的姿势，运笔的力度及笔毛触纸的方向均有讲究，起笔收笔要稳健流畅、干净利落。界尺的使用要摸索尝试，熟能生巧，习惯以后就会像用筷子一样熟练。

裱纸

凡是采用水质颜料作画的表现图，都必须将图纸裱在图板上方能绘制，否则纸张遇湿膨胀，纸面产生凹凸不平，画面的最后效果要受到影响。正面刷水裱纸的方法，裱贴结实，裁切整齐，适合用水多的水色技法。如果要快速裱纸可以采反面刷水的方法，这样图面光亮整洁，适合水粉技法。

拷贝

为了保证画面的清洁，尤其是透明水色或水彩表现图，一般在绘制前都要在硫酸纸或拷贝纸上绘制透视底稿，然后再将底稿描拓拷贝到正图上。水粉颜料厚画时，因为其覆盖力强，底稿最好能粘在图板的上方，以方便校正。

色纸

在不同颜色的色纸上作画，尤其是绘重灰色调时，画面统一、整体效果好，而且简便快捷，效果强烈，适合于多种绘画工具的表现。用水粉、透明水色或水彩等颜料，运用平涂、退晕或笔触、大面积渲染等技法，均可以自己制作出多种颜色和肌理的色纸。

装裱

这是表现图完成前的最后一道工序，依据表现图的内容，绘画的风格，图面的色彩，可以选择托裱、装框或压膜的方法，进行装裱。

第三章 表现图的构图和色彩

一、构图规律和常用透视类型

(一) 表现图构图要点

构图就是让每一空间要素通过所处的特定位置发挥应有的作用。一个好的构图是通过活跃而有序的画面构成来突出所要表达的主题内容。表现图的构图就是要让主题在画面中的位置恰到好处,讲究画面构图的完整、主次分明、疏密与均衡、统一与对比,体现形式美的法则。

表现图中,画面的主题是建筑内外形象,它在构图中起主导作用,其位置的确定直接影响构图风格的形成。

首先,应有目的地选择透视视点和角度。一般认为建筑的主体放在画面的黄金分割处,画面会富于变化且不失平衡。这是一种以正求稳的构图方法。主体放在中心或者透视的灭点方向,弄不好会使画面显得呆板,可以用配景等衬托元素来打破画面的呆滞感;也可以在表现图中利用明暗调子,把光线集中在主体上,这样主题会更加突出。

主体偏于一侧,容易引起画面失衡,但若处理得当,也会出新意;采取这种形式,可以在另一侧用大量的构图元素来平衡。这时应注意不要让配景分散了视觉中心,配景元素的变化应简洁,与主体在形式、色彩上形成对比衬托的关系。

其次,构图时要注意画面的虚实关系,重点部分应细致刻画,而其他部分点到为止,以突出主体。如果对画面每个部分都深入刻画,重点部分也就不是重点,画面看起来就比较平淡或繁乱。要将形式各异的主体与配景元素统一成整体,主体与配景之间应形成图底关系,使配景在构图、色彩、用笔等方面起到衬托作用,将配景虚化、以简洁的虚实对比来突出主体。

均衡对称的构图可以使各部分物体在比重安排上基本相称,使画面平衡而稳定;适合表现比较庄重的空间环境,而在表现非正规即活泼的空间时,在构图上却要求打破对称,一般情况下要求画面有近景、中景和远景,这样才能使画面更丰富,更有层次感。

构图的疏密变化分为形体疏密与线条疏密或二者的组合,也就是点、线、面的关系。疏密变化处理得好画面就会产生节奏感和韵律感,富于层次变化,画面帅气、活泼;否则就会产生拥挤或分散的感觉。

(二) 表现图视点透视类型

建筑的透视图是把建筑物的三维空间的投影面,转换成具有立体感的二维空间画面的绘图技法。准确的透视是表现图的形体骨骼,是绘制表现图的基础;精准完整的透视图就是很好的表现图。绘制透视图,就是用画法几何的方法,求出自己所要表现空间的准确透视。透视的种类与作图方法很多,掌握基本的透视制图法则,要通过一定的强化训练。

经常使用的透视图种类有:一点透视、两点透视、三点透视、俯视图、轴测图。

1. 一点透视

一点透视也叫"平行透视",如图3-1所示。这种透视只在一个方向有透视灭点,能准确地反映出主要立面正确的比例关系；表现范围广，纵深感强，能显示建筑空间的纵向深度。适合表现庄重、稳定、宁静的室内空间，缺点是画面显得呆板，有时与真实的效果有一定差距。

图 3-1

2. 两点透视

两点透视也叫"成角透视"，如图 3-2 所示。它比一点透视多了一个透视面，所以画面效果比较自然，活泼生动，反映空间比较接近于人的真实感觉。缺点是角度选择不好，易产生变形。

图 3-2

3. 三点透视

三点透视也叫"斜角透视"。它除了左右两个透视灭点以外，还有向上消失的"天点"或向下消失的"地点"。三点透视表现力很强，一般常用于绘制高层建筑和鸟瞰图。

4. 俯视图

俯视图是一种将视点提高的画法，作图原理近似于一点透视，实际是室内平面空间立体化，说明性强；可以表现较大的室内空间群体，介绍各个室内空间的功能与布置设计。

5. 轴测图

这种方法能再现空间的真实尺度，并可在画面上直接度量。用来反映功能性室内区域的分割，但不符合人眼看到的真实情况。严格地讲，这种画法不属于透视的范畴。

透视类型的选择对构图的影响相当大，所以首先应考虑的是选择何种透视角度，才能最大限度地反映建筑形体和空间环境。在考虑透视角度的同时，注意选择视距和视点。视距太近，建筑空间体量太大，虽然环境表现充分，但是画面容易单调堵塞，给人以不透气的感觉；视距太远，建筑主体太小，细部不明确，场景太大，主体不突出。视点高低的选择，对构图的影响也很大。视点过高，地面景物暴露得过多，不利于表现（鸟瞰图除外）；视点过低，画面空间则比较弱。只有将透视规律与表现手法完美结合，才能创造出艺术性较强的建筑表现图。

二、色彩

（一）表现图的色彩

视觉世界构成的基本元素为形和色。色彩对人的心理、情感有着很大的影响。优秀的设计师无一不把它作为重点思考的内容和表现因素。系统的色彩知识、敏感的色彩感觉、良好的审美品格以及呼之欲出的表现积累，是设计师应当具有的专业素质。

就色彩艺术的表现本质讲，表现技法的色彩训练与其他美术形式的训练是一致的。但在具体的要求和方式上，表现图的色彩有其自身的独特性。

首先，表现图的色彩关系应符合一般的色彩规律，否则其真实性与感染力就无从获得。色相、明度和纯度是构成色彩的三大基本要素，必须清楚它们的概念和内在的联系；掌握色彩的基调、过渡、冷暖、固有色、光源色、环境色以及对比与协调等基本规律。

第二，表现图用色的目的主要是塑造建筑的形体结构、空间关系等，与纯美术作品不同，它不需要过分追求色彩的微妙变化，而是更多地运用色块，整体性地表现建筑的体量关系。实际上也是体现"建筑画"的手法。

第三，表现图的色彩运用，有许多概念性的成分，虽然不同的建筑空间有不同的方法，但基本方式是一样的。比如色彩渐变的处理，高光的点取、线条的勾勒、抽象光影的笔触等等。

第四，着色步骤，一般的绘画是从大关系入手，再局部深入，而表现图为求得整洁、利落的图面效果，是在底色的基础上，从局部开始，画到一处完成一处。这就要求画者在动手之前对整体色彩做到胸有成竹，认真细致地考虑后再落笔。

表现图的色彩关系虽然相对简洁，但需要不断地在实践中培养，它不仅要训练色彩写生，还需要进行色彩图片临摹以及默写，掌握非写生性的概念性的色彩表现能力。这是增强效果图表现力的必要修炼。

（二）色彩的协调

表现图的色彩关系总的来讲，统一之中有变化，协调之中有对比。所谓"大调和，小对比"，即大的色块间强调协调，小的色块与大的色块要讲对比，或者说总趋势上强调协调，有重点地形成对比。调和使画面统一和谐，对比使画面活泼生动。

1. 同类色协调

指色相相同但又有微妙差别的颜色。因为明度和纯度的不同，形成深浅明暗层次的变化，配色极易协调，给人以亲和感，但容易令人产生单调的感觉。

2. 类似色协调

指色相环上相邻色相的颜色。如红和橙、蓝和绿等，色距较近的颜色具有明显的调和性，色距偏远的颜色则有一定的对比性。这种协调具有统一的基调，容易形成色彩的节奏韵律与层次，可以产生平静而又变化的色彩效果，给人以融和感。

3. 对比色协调

指色相环上100°以外相对的颜色。对比色冷暖差别大，对比强烈，明度与纯度相差较大，给人以强烈、鲜明、跳跃的感觉。

4. 无色彩与有色彩的协调

在黑色和白色之间，是明度范围极宽的中性色，在过于艳丽或柔弱的色彩之间，恰当地选用黑、白、灰、金、银等中性色作协调处理，既能表现出差异又不相互排斥，具有极大的随和性。这类色彩与任何色彩协调均能收到良好效果。

5. 明度的处理

在一幅表现图中，素描关系的好坏直接影响到画面的最终效果。一幅好图其中黑白灰的对比面积是不能相等的，黑白两色的面积要少，灰色在画面占绝大部分面积，构成整幅画面色度的基调。

6. 纯度的处理

色彩纯度的处理与画者的色彩修养尤其有关。纯度高的色彩鲜明艳丽，富于刺激性，处理不当则显得幼稚。低纯度色显得稳重，运用得当则自显高雅，反之则给人灰暗沉闷的感觉。色彩纯度变化的运用可增强色彩的空间层次，纯度高则前进，纯度低则后退。

7. 冷暖的对比

色彩的冷暖属性是人们对自然环境色彩的心理体验，表现图更强调主观的感受与判断。这种冷暖的比较不是绝对的，如中黄色与草绿色相比，后者较冷，钴蓝色与草绿色相比，后者较暖。绘图时，应在统一的基调下，在物体与场景之间、光与影之间、主体与次体之间寻求冷暖的对比关系。

8. 面积位置的调和

对比色块面积大小相等，位置临近是一种较强的冲突对比，互不调和。若以一色面积占绝对优势，则会形成该色的基调，必然形成整体的调和。如若占劣势的对比色块处于大基调的包围之中，则有可能反客为主，成为视觉中心。因而，处理好面积和位置之间的关系更能发挥色彩的对比效应和调和效应。

第四章　设计草图表现技法

一、设计草图的内容

设计师在进行方案构思和设计过程中，始终都离不开设计草图的帮助。由于草图的可视化，成为设计师收集资料，记录设计灵感、思想，进一步推敲设计构思，深化、完善设计方案的重要手段，设计草图是设计师必备的表现技能。

设计草图的用途和内容有以下三类：

（一）施工现场的各种测绘数据

接到设计任务后要到现场去考察实际情况，对照建筑设计图纸，测绘记录各种第一手数据、信息。如水、暖、电和设备的具体情况，建筑面积的实际大小，楼层的实际高度，梁底的净高，网柱的间距，管道井的部位，风管的走向，喷淋的位置，哪里的墙体可以动，哪里的墙体不能动，建筑周围的实际环境等等。

（二）收集、积累资料

徒手绘制草图还是收集设计资料的极好方法。虽然各种现代化的手段已经用于资料收集，但徒手速写草图更方便，实用。如临摹优秀的设计作品，随时记录建筑和室内的设计样式、材料、图案、尺寸、家具、陈设品等。随身带着速写本，随时勾画，积累丰富的第一手设计资料。

（三）绘制草图方案

设计一套方案，经常先用徒手画出大致设计内容，修改完善后再转为正式稿，这些草图包括平面图、立面图、节点大样图、透视图、家具及陈设品等内容。

二、设计草图训练

设计草图要经常性地练习，才能达到得心应手的地步。适于设计草图的工具一般有铅笔、钢笔、针管笔、马克笔等。其中钢笔是最常用的绘图工具。常用的速写本、复印纸等都是较好的草图用纸。下面专门介绍钢笔草图技法。

钢笔技法的特点是笔调清劲，线条轮廓分明，效果峭拔清俊。钢笔技法有线条画法和色调画法。线条画法运用最广泛。线条画法又称线描法，是在表现手法上舍去或削弱光影，用线条表现物像与空间的画法。主要通过绘制时线条的快慢、顺逆、顿挫、圆转方折等运笔技法表现物像，用线条的长短、粗细、曲直、刚柔、虚实等不同的形式来组织。

草图练习提示要点：

（1）线条画法需要画者细心观察物像，注意线条的来龙去脉，交代清楚线条与线条之间的交叉、搭接关系。

（2）勾画线条时，要一气呵成，避免出现断断续续的线条。

（3）下笔肯定，一条不准确，再画一条补上，切忌因怕画错或画不准确，而犹豫不定。

（4）勾画长线条时，因为手腕活动范围有限，要提起肘部，结合运用手腕、肘部、肩部的力量，这样画出的线条才均匀，才活，才富有弹性。

1. 直线练习

练习以下两种线条：
(1) 缓慢画出均匀用力的线条（图4-1）。

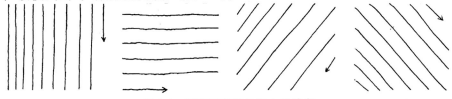

图4-1 缓慢画出均匀用力的线条

(2) 用力有轻重，速度有缓急的线条（图4-2）。

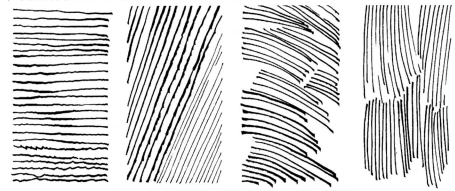

图4-2 用力有轻重，速度有缓急的线条（直线）

练习提示要点：注意长直线条的练习。

2. 曲线练习

练习以下两种线条：
(1) 不同方向起始，均匀用力的线条（图4-3）。

图4-3 不同方向起始，均匀用力的线条

(2) 用力有轻重，速度有缓急的线条（图4-4）。

图4-4 用力有轻重，速度有缓急的线条（曲线）

练习提示要点：注重长曲线、弧线线条的练习。

3. 线条组织练习

多种线条组织在一起才能表现完整的物像，熟练练习单线条的目的是勾画出复杂的图。
练习以下两种线条组织法：

（1）交叉线条组织（图4-5）。

图4-5 交叉线条组织

（2）疏密对比线条组织（图4-6）。

线条组织提示要点：交叉线条要封闭，线条分开主次，线条的取舍，线条的疏密。

图4-6 疏密对比线条组织

第五章　水彩、水粉表现技法

一、水彩、水粉特性

水彩、水粉渲染是建筑师和设计师特别喜欢使用的表现手法，也是常用的表现技法。它们都是以水为媒介，调配不同胶质颜料来做画的，其特点各有不同，各有所长。

（一）水彩画的特性

水彩渲染是建筑画中较为古老的一种技法，同时也是使用较为普遍的教学训练手段。水彩渲染充分运用水的特性，调配色泽透明的颜料，在专用的水彩纸上做画，色彩效果明快、清新、淡雅。

以水彩画法作建筑室内外表现图，色泽明快，追求用笔技巧和水彩画所能发挥的韵味情趣。但规整严谨的建筑特点往往与水彩技法的洒脱、奔放产生较大的矛盾。为此，用水彩画法表现建筑物时，不但要求底稿图形准确、清晰，忌用橡皮擦伤纸面（最好先起草稿，再拷贝正图），又要熟练掌握水彩的各种表现技法。

水彩画做图，由于用水量较大，一般用水彩纸，要求裱起来做画，以防水彩纸着色后发生变形。

（二）水粉画的特性

水粉画与水彩画都以水为媒介调和做画，但水粉画多追求水的情趣。由于水粉颜料具有不透明、覆盖力强、易修改、绘制方便、表现力强等特点，而深得设计师的喜爱。

水粉渲染用的大多是水粉颜料，也就是常说的广告色颜料。这是一种不透明的水溶性颜料，其遮盖力比水彩颜料强，但是为了增加其透明性和光泽度，在使用时大多加入白色，画面效果强烈、深入、完整。

20世纪70年代初，我国建筑师才开始尝试用水粉颜料来表现建筑，在这之前，多用水彩渲染来表现。由于水彩效果图有一定的局限性，比如色彩明度变化小，图面效果不够醒目且又费时间等，所以，近年来许多设计师又在水彩渲染的基础上，发挥了水粉画的特性，做了大胆的尝试，开创了不少新的水粉表现技法。这种技法避免了传统水粉渲染中的一些缺点，综合运用了各种工具和材料，发挥各自特长，技法上不拘一格，进一步缩短了绘制效果图的时间，提高了工作效率。

由于水粉颜色表现力强，色彩丰富，不仅能够多层覆盖，并且能比较深入地表现物体，所以初学者应当首选水粉表现技法来练习。

二、水彩、水粉绘制方法与步骤

用水彩、水粉绘制效果图，各有表现方法。它们既可以独立完成也可以相互穿插，综合运用完成建筑渲染效果图。

（一）水彩画法的基本技法

水彩画上色程序是先浅后深，先远后近，预先留出亮部与高光，最后画深色加以调整。大面积涂色时，颜料调配得宜多不宜少，逐步加深，加大明度反差，但多次重复，颜色容易变脏。

水彩画有平涂、退晕与重叠三种技法（图5-1）。

图5-1

1. 平涂法

平涂法是水彩渲染基本技法之一。一般用于表现受光均匀的平面，较深的墙面、暗面及大片天空的渲染。技法一般用水把颜色调好，用水彩笔或毛笔蘸颜料在略有斜度的图板裱好的图纸上，由左向右，由上而下均匀用笔涂色。要求用笔准确、快速，运笔无接缝，按此程序干一遍涂一遍，层层叠加，直到平涂成符合要求的深度为止。

2. 退晕法

退晕法是水彩渲染基本技法的另一种重要手法。一般用于表现墙面、天空、地面或某个物体的远近关系，形成较强的透视效果。其技法类似于平涂法程序，先调好深浅不同的几个颜色，首先平涂一笔颜色后，趁湿在其下方加水或加色使其逐渐变浅或加深，形成同一色相逐渐加深或减淡的退晕效果。也可以作不同色相的冷暖退晕效果。经过反复多次渲染，最后达到预期的由浅渐深、由冷渐暖的均匀过渡，柔和渐变的退晕最佳效果。

退晕法严谨、工整、准确，能深入刻画结构和细部，能产生层次分明、色彩朴实的画面效果。关键在于耐心、细心严格按照渲染程序控制。一遍遍精心渲染，必须等第一遍完全干透再进行第二次渲染，但不宜重复遍数太多，以三次左右为宜，方能取得最佳画面效果。

3. 叠加法

叠加法是在平涂法与退晕法的技法基础上增加画意，取得特殊效果的一种技法。

叠加法讲究用笔，要预留笔触，可以使用同一色相颜色，需要染色的部位按明暗光影分界，逐层叠加用色，取得同一色彩不同层面变化的效果。或者使用不同色相的颜色在第一遍颜色干透后，再叠加另一颜色，发挥水彩颜色的透明性，使两色叠加，产生不同的色相变化或冷暖变化。例如，在绿底色上，再叠加一遍或局部叠加蓝色，使其整体或者局部变为蓝绿。利用叠加法可以增加水彩渲染图的色彩变化，丰富画面效果。

（二）水彩表现图步骤

目前，建筑室内外表现图中，用水彩表现多以钢笔淡彩来完成。这是将水彩技法与钢笔技法相结合，发挥各自优点，使画面简捷、明快、生动。

1. 起轮廓，做色稿

首先，根据建筑物的平面、立面、剖面图求出透视底稿，用铅笔或钢笔拷贝到裱好的水彩纸上。线条要求均匀、流畅、粗细分明，上色前可先在透视底稿的复印件上做色稿练习，多画几幅，确定色彩关系，作为上色时的依据（图5-2-*a*）。

图 5-2-*a*

2. 铺底色，定关系

根据色稿确定画面的总体色调和各个主要部分的底色，大概分清画面的素描关系和色彩的冷暖关系。可以先用大号笔大面积地涂一层色调（留出某些高光或亮面），待干后再画面积较大的顶棚、墙或地面，这样色调较容易统一。运笔以平涂为主（图5-2-*b*）。

图 5-2-*b*

3. 分层次，拉距离

这一步骤主要是渲染明暗、光影关系。光影做得好，层次拉得开，透视感强。如墙面靠窗户透光的地方亮，离窗户远的地方暗；物体三大面的素描关系层次要分明，冷暖要明确；墙面和阴影要有局部的冷暖深浅的对比，从而把前后的距离拉开（图5-2-c）。

图 5-2-c

4. 细刻画，求统一

在上一步骤的基础上，对画面表现的空间层次，室内家具、材料质感，做进一步的细微的描绘。这时渲染要求把物体结构或固有色表现清楚，要做到心中有数，落笔准确，避免反复涂抹或修改。可以用叠加法，使色彩逐渐加深；但层次过多，会使颜色灰暗。如果笔上水分过多，渲染次数多时，会把底色带起或留下水迹。要注意细部刻画服从整体关系和空间层次（图5-2-d）。

图 5-2-d

5. 添配景、衬主体

配景为最后点睛之笔,要最后画。既可增加画面的效果,又可将配景和主体融为一个环境整体,但不可喧宾夺主。因此,配景的色彩渲染要简洁,形象要简练。

提示要求:

(1) 水彩颜料透明度强,色彩鲜艳明快,要注意颜色的重叠变化,但不宜多次重叠,否则易脏、易灰失去水彩韵味。

(2) 水分控制要得当,不可有水无彩或有彩无水,水分过多易出现水迹斑痕,但也可利用其特色做特殊效果。

(3) 按方法程序画,不可心急,做到心中有数,下笔要有法可依,沉着迎战,耐心处理。

(4) 色彩协调、统一,整体画面、体面要平整,线条要生动,色彩要协调。色彩要有深浅、冷暖的对比。

(三) 水粉画法的基本技法

水粉画的作画步骤近似于油画,上色时本着先深后浅,先远后近,先湿后干,先薄后厚的顺序逐渐深入。这与水彩画从浅至深的画法刚好相反。

水粉画主要有干画法、湿画法两种技法。

1. 干画法

干画法是相对于湿画法来讲的,调色时水分少、颜色饱满,用笔强烈、明快,体积感强(图 5-3-*a*)。形象描绘具体、深入,富有绘画特征。

水粉颜料有较好的覆盖力,干画时色彩强烈,但由于干画法用水较少,画面效果较"实",最好是巧妙地使用一些湿画法配合干画法,这样,可以使画面基本统一。

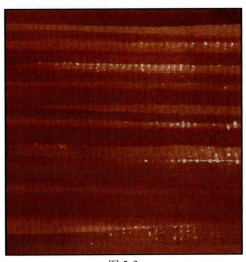

图 5-3-*a*

2. 湿画法

湿画法的效果与水彩画相似,调色时用水较多,颜色稀薄,有一定的透明度。画面滋润柔和,形体与色彩可以结合得较含蓄自然(图 5-3-*b*)。

湿画法一般适用于水粉表现的第一遍用色,可以表现画面的空间关系和一些物体的转折处。但作画时渲染次数不宜太多,以免造成画面发脏、发灰等现象。

在室内外表现图实践中,一般都是干湿结合,厚薄综合运用。如:大面积湿面,局部干画;远景湿画,近景干画;暗部湿画,亮部干画。

图 5-3-b

3. 水粉笔触练习

水粉笔触练习有平涂、退晕两种方法(图 5-3-c)。

图 5-3-c

(四)水粉表现图步骤

使用水粉渲染表现室内外设计效果图,应干湿并用,在裱好的图纸上,认真进行渲染绘制。具体方法步骤如下:

(1)在裱好的图纸上,用铅笔按透视规律准确完成透视图。要求:透视准确,形体结构表现完整,并画出小色稿(图 5-4-a)。

图 5-4-*a*

(2) 在画好的透视稿上,平涂一层基色。基色根据色稿选冷色、暖色或中性色,用水粉湿画法平涂,或用水粉先厚涂一层底色,再画轮廓线,用笔要干净利索,可预留高光、亮处或特殊笔触,以增加画意(图 5-4-*b*)。

图 5-4-*b*

(3) 用调好的色彩画出顶棚、墙面、门、窗套等形体、色调、明暗关系和退晕效果,先画基层,再画面层;先画次要的,再画主要的;先画远景,再画近景,按物体远近和叠放的关系,从里向外逐步刻画(图 5-4-*c*)。

图 5-4-c

(4) 进一步深入细部刻画关系,并作出配景、灯具、人物、花草的刻画处理。布局要恰当、光源要统一,要增强光感效果。从总体上做调整,统一工作,以求整体协调的画面效果(图 5-4-d)。

图 5-4-d

提示要求:

(1) 颜色要调足量,以免不够再调相同的颜色,易出现微差。色调要恰当,水分要适宜,厚薄要均匀,干湿结合,不枯不燥。

(2) 整体色彩要协调统一,色彩变化要大统一,小变化,切记花、杂、粉、乱、脏。

(3) 整体表现,深入刻画,局部刻画要统一于整体效果之中。

(4) 现代水粉渲染时,常是多种工具手段综合绘制,要做到扬长避短,相辅相成,以求获得最佳画面效果。

第六章 马克笔表现技法

一、马克笔特性

马克笔是近年来一种新兴的绘图工具，是颇受设计师欢迎的一种新的快捷表现工具。它着色简便，色彩丰富，绘图迅速，表现力强，使用方便，可以大大提高工作效率。

马克笔分为油性墨水和水性墨水两大类，大部分为进口产品，颜色品种齐全，一般均配有种类繁多的暖灰色和冷灰色，以及中性色彩，为设计师提供了很多的方便。其中，油性马克笔色彩丰富齐全，淡雅细腻，柔和含蓄。水性马克笔色彩艳丽，笔触浓郁，多为透明色，可以和水溶性铅笔、水彩颜色综合使用。二者也可结合使用，以避免色彩不足。

马克笔用纸十分讲究，纸的选择相当重要。马克笔在不同的画纸上绘出的颜色深浅是不同的，而且纸质较松的画纸，马克笔墨水可以渗透到纤维组织中或渗到纸背面，笔触边缘会渗化，色彩变灰，明度变低。不吸水的纸，马克笔墨水易浮在纸上，容易抹掉且使画面不易保存。实践证明，草图练习可以选用工程复印纸；正稿最好选用马克笔专用纸，或者用彩色喷墨打印纸，高光相纸效果最佳。此外，画平面图的硫酸纸也是马克笔上色的理想用纸，结合钢笔、针管笔线描的方法，会产生类似水彩的透明效果。

马克笔笔头分扁头和圆头两种，扁头正面和侧面宽窄不一，用笔可发挥其笔触排列、叠加而产生丰富的变化。由于马克笔上色后不易修改，故一般应先浅后深，结合黑色的钢笔或其他线描图配合上色。其细部和配景可综合利用水溶性彩色铅笔，或水彩颜料等工具，以增强其表现力和图面效果。

二、马克笔绘制方法与步骤

马克笔技法是利用马克笔粗细不同的笔触，灵活组合和不同深浅色调的叠加排列以及疏密结合，表现出物体造型的体面关系和复杂、生动、和谐、完美的形象。

在画效果图之前，应先熟悉马克笔的特性，了解马克笔的用笔方式，才能熟练掌握各种技法。马克笔绘制有：平涂法、退晕法、叠加法等（图6-1）。

图 6-1

(一)基本技法

(1)平涂法:用马克笔的扁头均匀、快速的并排涂画,笔角尽量不要重叠,使色块平整、色泽统一。

(2)退晕法:在平涂的基础上,局部再平涂第二遍、第三遍,逐步加重,形成退晕变化,或者利用同类色不同的深浅系列平涂退晕,水溶性马克笔也可以用笔头蘸清水快速用笔达到退晕的效果。

(3)叠加法:可以是同类色叠加,形成不同的深浅变化,用以表现光影、投影的关系;也可以用不同色相的马克笔叠加使用,形成丰富多彩的色彩变化,如:蓝底上叠加黄色形成绿色。

(二)马克笔表现图步骤

(1)绘制出准确的铅笔透视稿,可以复印多张,先涂色稿练习,再用针管笔勾出正图(图6-2-*a*)。

图6-2-*a*

(2)用适宜的淡彩在整体画面上涂一底色,或者不涂底色,直接完成整体的黑白关系及基本物体的光影关系(图6-2-*b*)。

(3)待干后,再选适宜的颜色,将室内墙体、顶棚的色调和光影关系,用退晕渐变手法表现出来(图6-2-*c*)。

(4)进一步深入刻画,用马克笔富于表现力的特点,以色彩丰富、鲜明、生动、悦目的线条,将室内空间环境体面关系,家具陈设造型,色调,材料质地,光影明暗等效果巧妙、生动地塑造出来(图6-2-*d*)。

(5)从画面整体关系上做认真调整和统一工作,以取得画面总体协调达到完美效果。

图 6-2-b

图 6-2-c

图 6-2-d

提示要点：

（1）用钢笔或针管笔画出室内外空间环境的透视轮廓线，或用厚描图纸、复印纸、薄铜版纸，将画稿轮廓线复印上；也可以将画稿扫描到电脑里，打印到彩喷纸上，用裱或用胶带纸固定在图板上，即可开始着手绘制。

（2）先画好小色稿，多画几张作为参考用色，避免画错难修改，总体构思好整体色彩和各部分的色彩关系。

（3）因水质或油质马克笔均具有易干性，要求用笔要准确、快捷。用完后，及时把画笔盖紧。笔触力求简练、概括、准确、适度，色泽以丰富、协调、悦目为宜，要适当地留白，以增加画面的对比度。

（4）马克笔渲染要达到最佳效果最好是多种工具手段，如彩色铅笔、彩色水笔、透明色水彩、水粉、针管笔或钢笔综合运用，发挥各自所长，扬长避短，相辅相成。

第七章　彩色铅笔表现技法

一、彩色铅笔特性

彩色铅笔是最为方便，易于控制掌握的一种表现工具。其技法是目前较流行的快速表现技法之一。彩色铅笔分水溶性和油性两大类，水溶性彩色铅笔可多层绘制，还可借助于毛笔、棉球、手指等，进行较细致表现。油性彩色铅笔不宜多层绘制。彩色铅笔可与钢笔、水彩、水粉等结合使用。

二、彩色铅笔表现方法与步骤

彩色铅笔上色类似于铅笔素描上色法，可利用线条的多层交叉法来绘制。绘制步骤分四步说明。

（一）起稿阶段

徒手或借助工具勾画出钢笔稿，交代清楚空间结构细节，注意线条清晰和疏密变化，明确表达空间中的黑白层次（图7-1）。

（二）确定色彩基调，铺大色调阶段

确定方案是用冷色调或暖色调，选择冷暖色调所涉及的同类色铅笔上色，上色顺序一般先铺中间色调和暗部色调，保留亮部，层层加深（图7-2）。

图 7-1　起稿阶段

图 7-2　确定色彩基调，铺大色调阶段

图 7-3　深入刻画阶段

图 7-4 调整统一阶段

(三)深入刻画阶段

从局部深入刻画物体、空间等细节,表达出物体的立体感和空间感,注意空间中要有主光源和明度对比,表现出材料的质感、肌理区别(图 7-3)。

(四)调整统一阶段

彩色铅笔不能上色次数过多,要把彩铅轻快的特点表达出来。根据需要统一色调,修整不足之处,结合水粉提出亮线和高光等(图 7-4)。

提示要点:

(1)让彩铅常处于尖头状态,有利于上色控制和细部刻画。在绘制过程中可结合水、棉球、手指等处理出均匀的整体效果。

(2)不要用同一方向线条来上色,绘制时要结合素描技能用不同方向线条交叉上色。

(3)要突出画面的视觉中心,忌各部分均匀表现。适宜用同类彩色铅笔控制画面的大色调,忌用色杂、乱、脏、花。

第八章 表现图鉴赏

餐厅设计　水粉　（张玉良）

建筑外观设计　水粉　（陈志东）

餐厅设计（一） 水粉 （王旭东）

餐厅设计（二） 水粉 （杨福成）

圆形餐厅设计　水彩＋水粉　（陈志东）

客厅一角　水粉　（李文华）

酒店大堂设计　水彩＋水粉　（孙亚峰）

餐厅设计　水粉　（王旭东）

酒店建筑入口外观　水粉　（张玉良）

酒店建筑外观　水粉　（张玉良）

餐厅包间设计　水粉　（王旭东）

餐厅设计　水粉　（王旭东）

多功能厅设计　水粉　（杨福成）

会议大厅设计　水粉　（赵玉春）

卧室设计（一） 水粉 （姜立善）

卧室设计（二） 水粉 （李文华）

33

酒店大堂设计　水粉　（王旭东）

酒店大堂设计　水粉　（张玉良）

会展中庭设计　水粉　（陈志东）

办公空间建筑外观改造设计　水粉　（陈志东）

建筑外观局部　水粉　（陈志东）

照片临摹（一）水粉　（小可）

照片临摹（二）水粉　（邓小燕）

照片临摹（三）水粉　（张红）

娱乐空间设计　水彩＋水粉　（孟海青）

餐厅设计　水彩＋水粉　（菅素华）

客厅设计　水粉　（彭小燕）

酒店大堂设计　水粉　（顾谢）

小会议室设计　水粉　（王运杰）

商业空间设计　水粉　（刘卉）

会议室设计　水粉　（张挺）

居室餐厅设计　水粉　（任娟）

舞厅设计　水粉　（林鹏）

居室餐厅设计　水粉　（陆敬可）

快餐厅设计　水彩＋水粉　（袁芳）

茶厅设计　水粉　（张桂红）

酒店大堂设计　水彩＋水粉
（徐州建筑职业技术学院提供）

大堂设计 水粉
(徐州建筑职业技术学院提供)

餐厅设计 水粉
(徐州建筑职业技术学院提供)

居室设计（一） 马克笔+钢笔 （陈瑞芳）

居室设计（二） 马克笔+钢笔 （陈瑞芳）

速写（一） 钢笔 （陈志东）

速写（二） 钢笔 （陈志东）

47

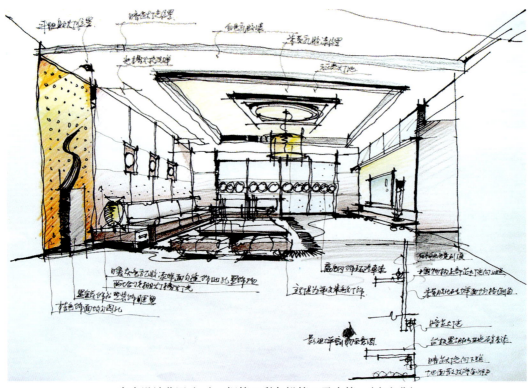

室内设计草图（一） 钢笔＋彩色铅笔＋马克笔 （李文华）

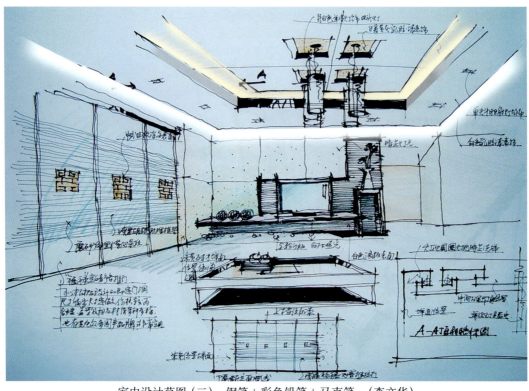

室内设计草图（二） 钢笔＋彩色铅笔＋马克笔 （李文华）

主要参考文献

1. 王琼,姜亚洲.室内设计的快速表达与表现.北京:中国建筑工业出版社,1998
2. 杨冬江.现代室内外设计表现技法.南昌:江西美术出版社,1991
3. 柴海利,高祥生.国外钢笔画技法.南昌:江西美术出版社,1991
4. 钟训正.建筑画环境表现与技法.北京:中国建筑工业出版社,1985
5. 张绮曼,郑曙旸.室内设计资料集.北京:中国建筑工业出版社,1991
6. 王捷.设计透视效果图表现技法.上海:上海科学技术文献出版社,2002